考える力を育てる

天才ドリル

平面図形が
得意になる
点描写
点対称

小学校
全学年用

認知工学・編

「考える力」を育てる
Discover
ディスカヴァー

　この『天才ドリル』シリーズでは、『立体図形が得意になる点描写』、続編の『神童レベル』、『平面図形が得意になる点描写　線対称』と、「点描写」シリーズ３点を出版してきました。読者のみなさまからは、「苦手だった図形問題が得意になった！」といううれしいお声もいただいております。

　最近は、「線対称編につづいて、点対称編はないのですか？」とお問い合わせをいただいているようです。そこで、このたび６年半ぶりのシリーズ最新作として、『平面図形が得意になる点描写　点対称』を出版することとなりました。

　なお本書は、『同　線対称』の続編ですので、線対称の理解はできていることを前提としています。

■「点描写」の効果とは？

「点描写」とは基本的には、格子状の点と点を結んで、手本と同じように図を描くことです。

　点と点を結ぶ作業は運筆の練習になるのに加え、図の位置や形を一時的に記憶することで、短期記憶の訓練にもなります。

　また、集中して取り組むことで、単純な計算ミスや描き写しのミスを減らせるようになるという効果もあります。

■「点対称」は図形基礎力アップの仕上げの題材

　図形の移動方法には、「①平行移動」、「②線対称移動」、「③点対称移動」があります。

通常の点描写では、手本を同じ向きで描き写すことで①平行移動の感覚が、線対称の図形では②線対称移動の感覚が養われます。

③点対称移動の問題を考えるときは、頭の中で図形イメージを回転させることから、**平面図形だけでなく、立体図形を想像するトレーニングにもなります。**

そのため、図形の移動の考え方の仕上げとして、この点対称の問題に挑戦させるとよいでしょう。**細かな部分まで目を配り、正確な作業をする練習にもなります。**

■コツは、点対称移動後の位置を正確に把握すること

点描写は正確に写すことが大切です。加えて、点対称の問題では、格子点（ドット）を頼りに点対称移動後の位置を正確に把握する作業が必要になります。

正確に描けるようになったら、今度は「速く正確に描く」ことを意識させてください。

なお、最後の「天才編」には、中学入試レベルの問題を掲載していますが、お子さんが5年生以下でしたら、今の段階では解けなくてもかまいません。

まさに、できたら天才……しかし、そのような高度な問題も、一部の中学入試問題では出題されることもあります。

わからなければ、問題のコピーをとって図を180度回転させて重ねるなど、実物で確かめる方法で、イメージを持たせてあげてください。

本書の使い方

❶ 各問題の図形が、それぞれ点対称の中心に対して点対称になるように、図形に線を足していきます。
点と点を結ぶことが点描写の基本です。定規は使わずに、なるべくまっすぐな線を描けるように練習させてください。

❷ 正解と不正解の区別について。
①直線の端と端の点
②図形の頂点（曲がり角の部分）
の２つが正しければ、途中の線が少々曲がっていても正解としてください。
あまり厳しく訂正させると、かえって意欲がなくなることもありますのでご注意ください。

❸ おうちの方はあくまでも補助で、問題を解くのはお子さん本人です。「教えない」を原則としてください。
どうしてもわからない場合は、問題のコピーをとって図を180度回転させて重ねるなど、実物で確かめる方法がよいでしょう。

❹ 一気にたくさんの問題を描かせるのではなく、間をおいて何回かに分けてさせてください。多くとも１日５ページが目安です。算数の学習の導入や計算の合間にするのもよいでしょう。

❺ 丸つけは、その場でしてあげてください。フィードバック（自分の行為が正しかったかどうか評価を受けること）は早ければ早いほど、お子さんの学習意欲と定着につながります。

点対称とは…

　ある１つの図形を、１点を中心に180度回転させて、ぴったりと重なるとき、その図形は「点対称」である、といいます。

　また、ある２つの図形の一方を、ある点を中心に180度回転させて、他方の図形にぴったりと重なるとき、それらの図形は「点対称」の関係にある、といいます。

　このとき、回転の中心になる点を「点対称の中心」といいます。

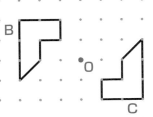

　図形Aは、点対称の図形です。

　「•」は、点対称の中心です。

　図形Bと図形C、図形Dと図形Eは、それぞれ点対称の関係にあります。

　また、点Oは点対称の中心です。

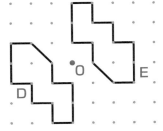

　ここまで理解できたら、次のページの「例題」に進みましょう。

例題 （れいだい）

点対称（てんたいしょう）になるように、図形（ずけい）をかきましょう。

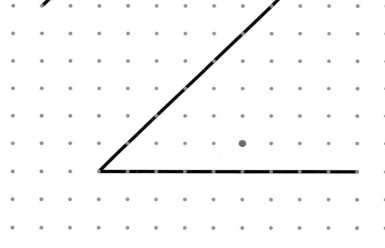

赤（あか）い点（てん）を中心（ちゅうしん）に
180度回転（どかいてん）
させてみよう

6

[解答例]

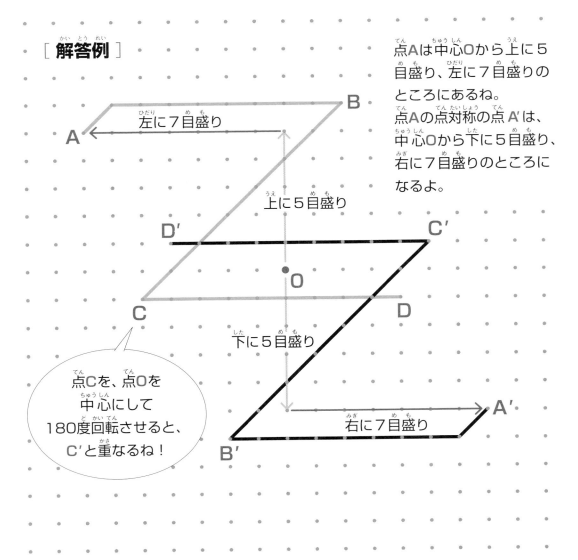

点Aは中心Oから上に5目盛り、左に7目盛りのところにあるね。
点Aの点対称の点 A′ は、中心Oから下に5目盛り、右に7目盛りのところになるよ。

左に7目盛り

上に5目盛り

下に5目盛り

右に7目盛り

点Cを、点Oを中心にして180度回転させると、C′と重なるね！

Contents

点対称になるように、図形をかきましょう。
てん たい しょう　　　　　　　　　ず けい

→答えは83ページ
　こた

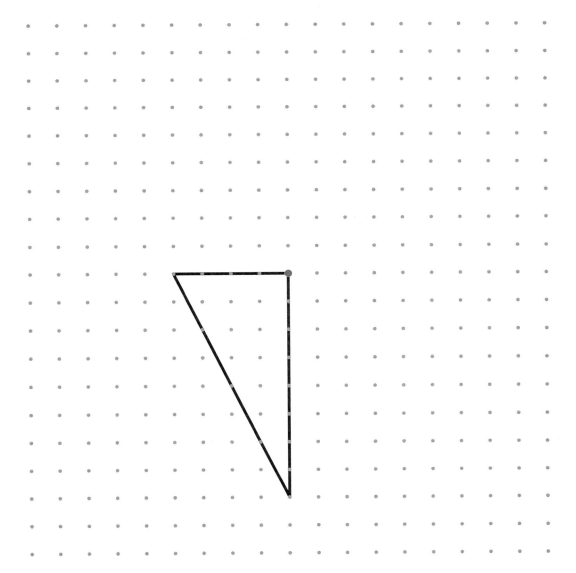

点対称になるように、図形をかきましょう。

→答えは84ページ

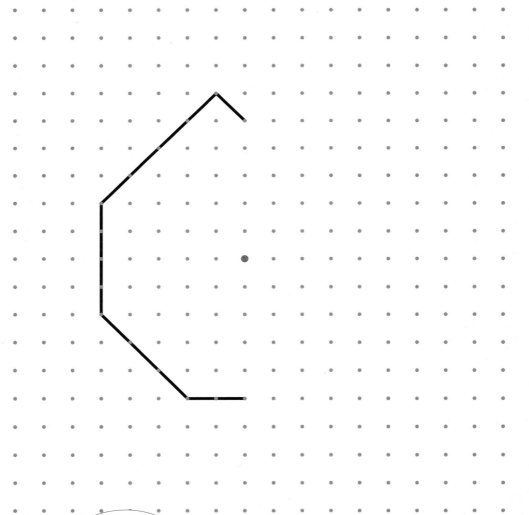

正しく
かけたかな?

点対称になるように、図形をかきましょう。

→答えは84ページ

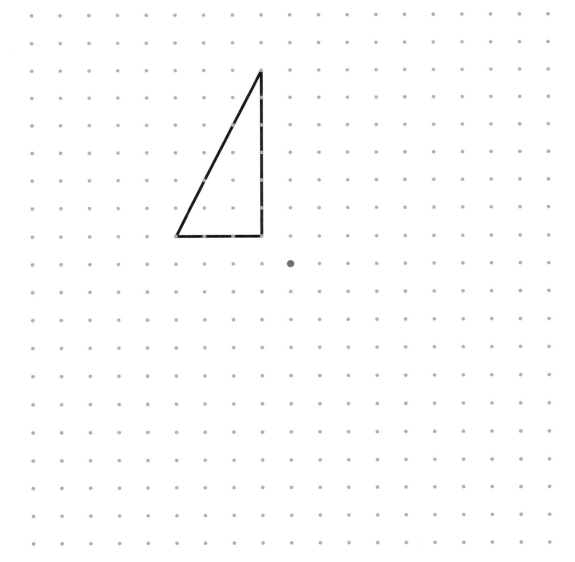

点対称になるように、図形をかきましょう。
てんたいしょう ずけい

→答えは85ページ
こた

点対称になるように、図形をかきましょう。

→答えは85ページ

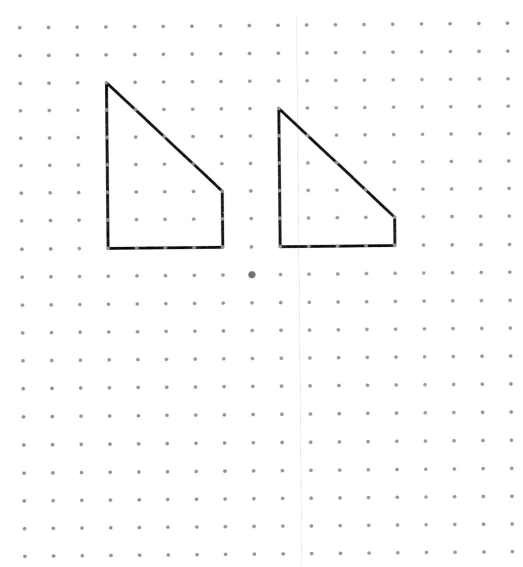

点対称になるように、図形をかきましょう。

→答えは86ページ

初級 10

点対称になるように、図形をかきましょう。

→答えは86ページ

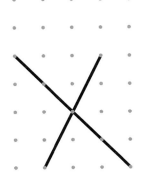

先に頂点を
移そう

点対称になるように、図形をかきましょう。

→答えは87ページ

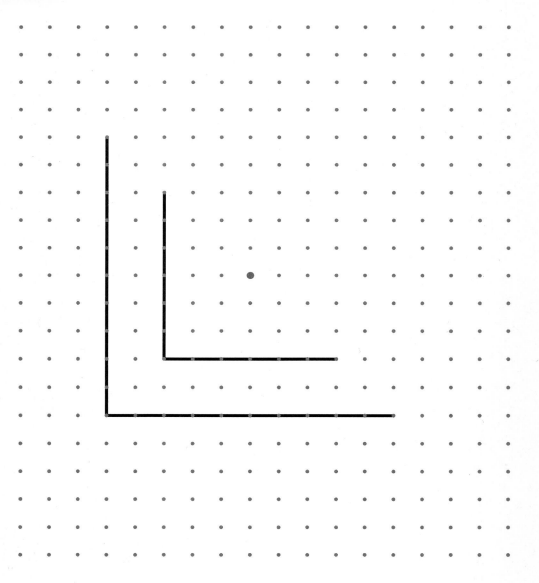

点対称になるように、図形をかきましょう。

→答えは94ページ

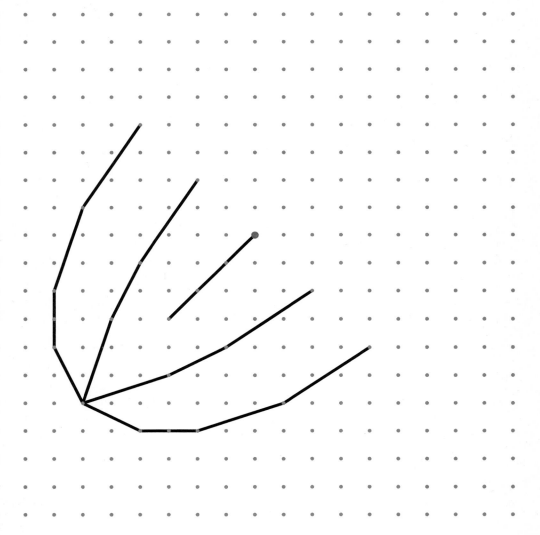

点対称になるように、図形をかきましょう。

→答えは94ページ

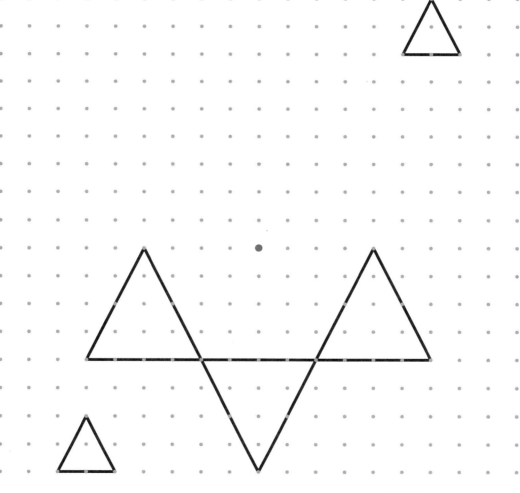

正しく
かけたかな?

中級 3

点対称になるように、図形をかきましょう。

→答えは95ページ

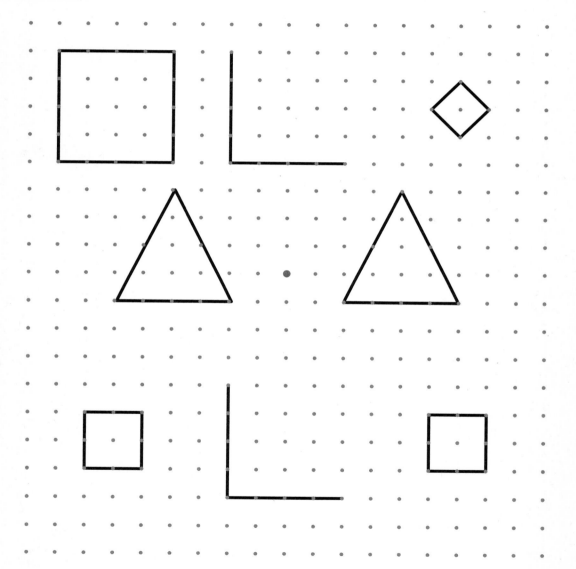

38

中級 4

点対称になるように、図形をかきましょう。

→答えは95ページ

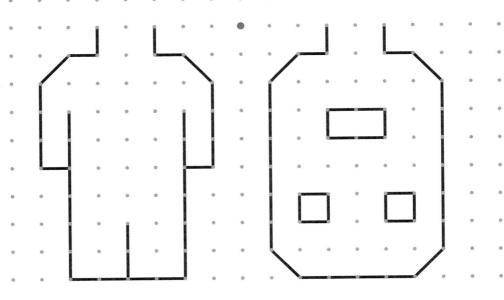

点対称になるように、図形をかきましょう。

→答えは96ページ

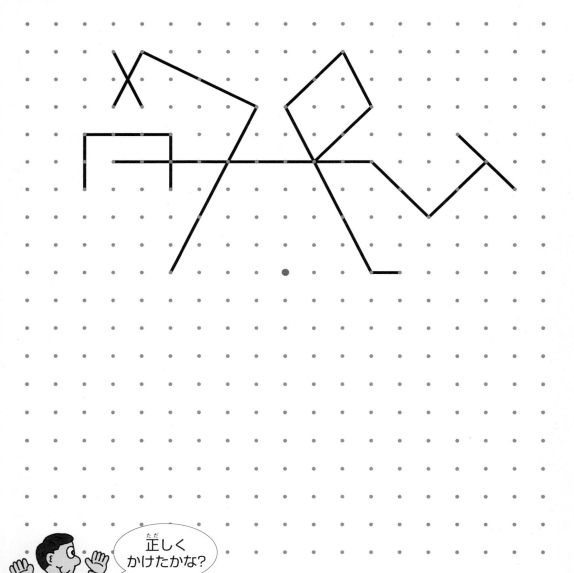

正しく
かけたかな?

点対称になるように、図形をかきましょう。

→答えは96ページ

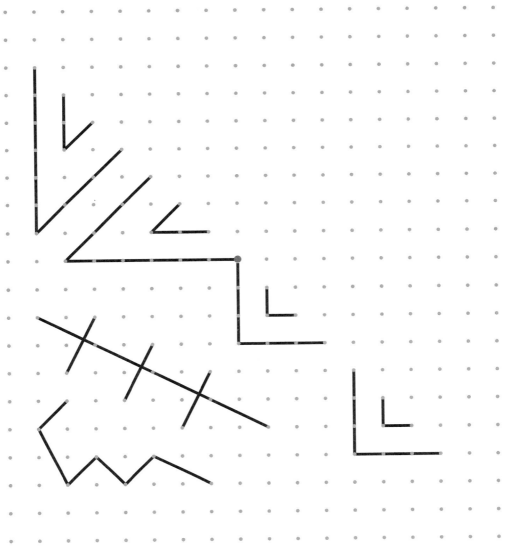

点対称になるように、図形をかきましょう。
てん たい しょう　　　　　　　　ず けい

→答えは97ページ
こた

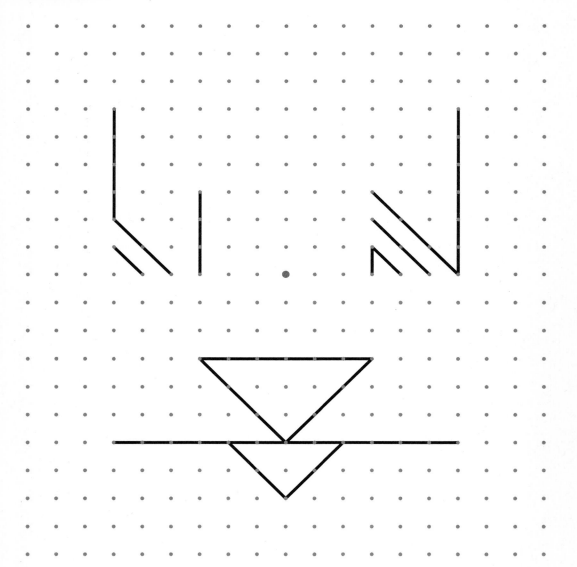

点対称になるように、図形をかきましょう。

→答えは97ページ

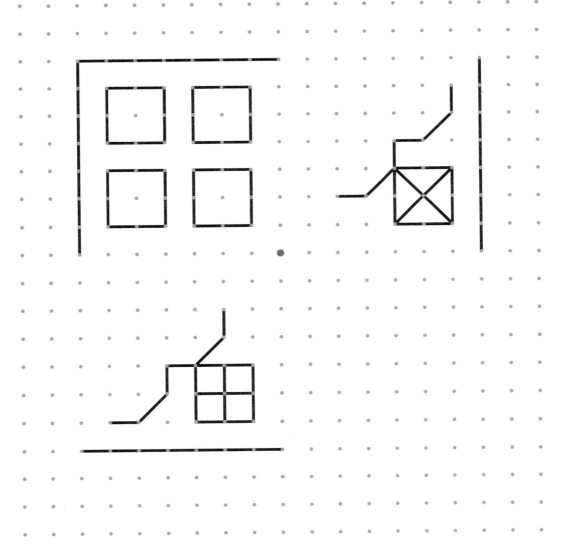

点対称になるように、図形をかきましょう。

→答えは98ページ

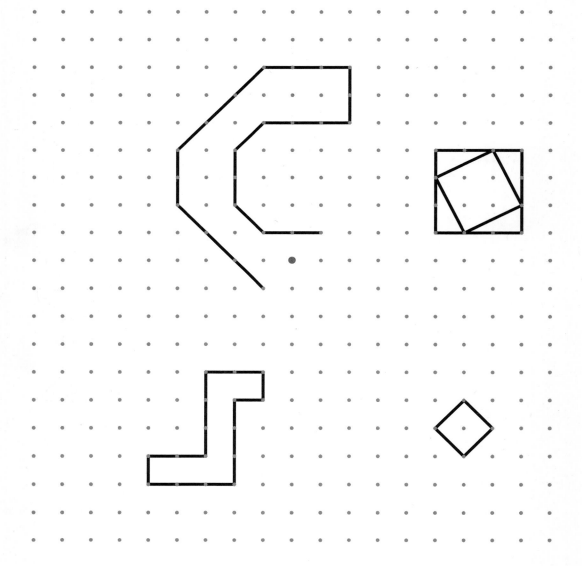

点対称になるように、図形をかきましょう。

→答えは98ページ

[**解答欄**]
かいとうらん

正方形をいくつか使って、点対称の図形をつくります。ただし、辺と辺はずれないようにします。正方形を4個使うと、次のように4とおりの図形をつくれます。では6個使って、できるだけ多くの図形をつくりなさい。

→答えは105ページ

たくさん
見つけよう

64

[**解答欄**]

A〜Zのアルファベットを次の①〜④に分類しなさい。
① 線対称だが点対称でない。
② 点対称だが線対称でない。
③ 線対称であり点対称でもある。
④ 線対称でなく点対称でもない。　→答えは105ページ

A B C D E F

G H I J K L M

N O P Q R S T

U V W X Y Z

[解答欄]

図1の図形を、点Oを中心に180度回転させます。
元の図形と回転させた図形を重ねると、図2の図形
ができます。
このとき、元の図形と回転した図形が2重になった
部分は色のついた部分となり、その面積は2c㎡です。
ただし、点の間かくは1cmとします。
図3の図形を点Oを中心に180度回転させるとき、
2重になる部分の面積を求めなさい。→答えは106ページ

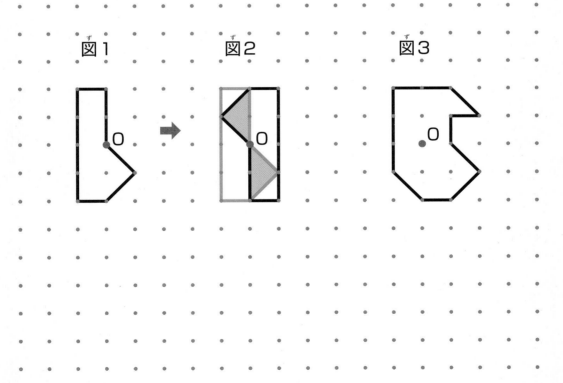

図1　　　　図2　　　　図3

[**解答欄**]

O

まずは図に
かいてみよう

天才
6

図１のような直角二等辺三角形を何個か使って、点対称だが線対称ではない図形をつくります。
ただし、辺と辺がずれないようにくっつけます。
直角二等辺三角形を２個使うと、図２のように２とおりつくれます。
直角二等辺三角形を４個使って、できるだけ多くの図形をつくりなさい。

→答えは106ページ

図１

図２

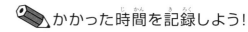

[解答欄]

図1の図形を、点Oを中心に180度回転させます。元の図形と回転させた図形を重ねると、図2の図形ができます。

このとき、元の図形と回転した図形が2重になった部分は色のついた部分となり、その面積は3㎠です。ただし、点の間かくは1㎝とします。

図3の図形を、図中のある点を中心に180度回転したとき、2重になる部分の面積を考えます。

この面積がもっとも大きくなるとき、何㎠ですか。

→答えは107ページ

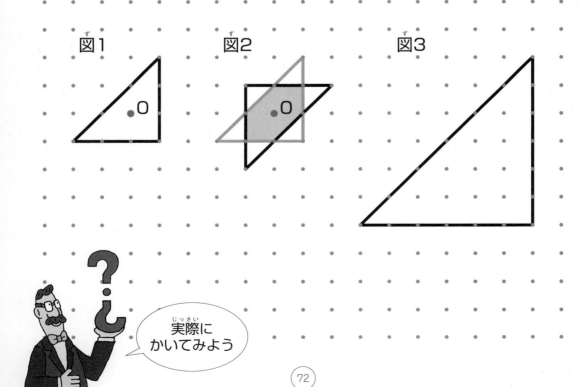

図1

図2

図3

実際に
かいてみよう

初級 11

初級 12

初級 **13**

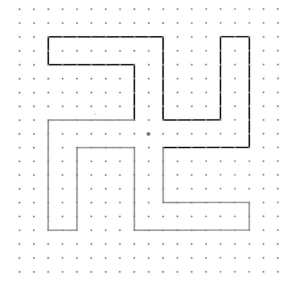

初級 **14**

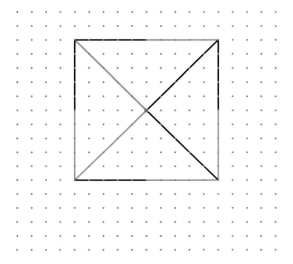

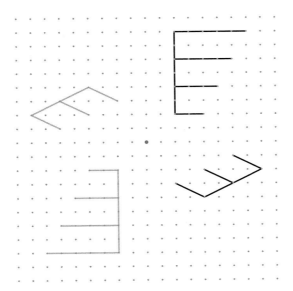

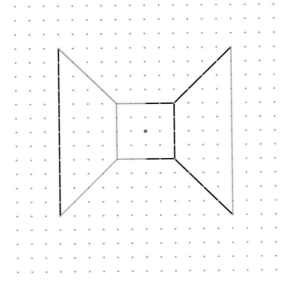

初級 **17**

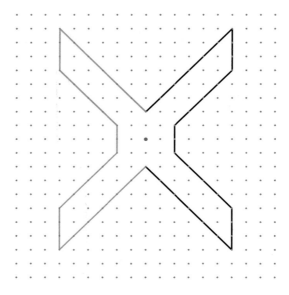

初級 **18**

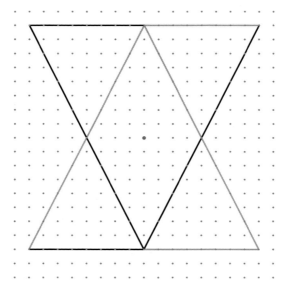

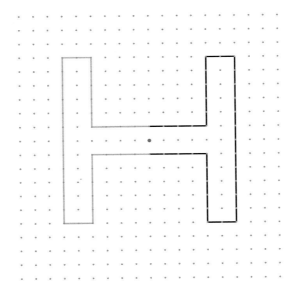

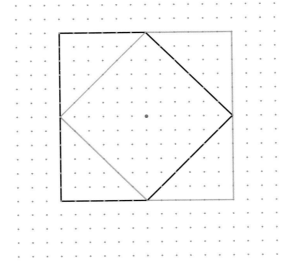

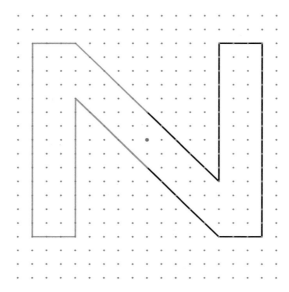

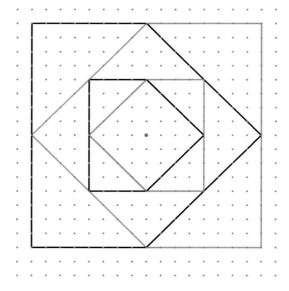